自然
教我们创造

[法]卡丽娜·卢阿尔 著　[法]劳拉·安科纳 绘　陈佳丽 译

贵州出版集团
贵州教育出版社
·贵阳·

图书在版编目（CIP）数据

自然教我们创造 / (法) 卡丽娜·卢阿尔著；(法)
劳拉·安科纳绘；陈佳丽译. -- 贵阳：贵州教育出版
社，2024. 10. -- ISBN 978-7-5456-1883-9

Ⅰ. Q811-49

中国国家版本馆CIP数据核字第2024HB4538号

Toutes les idées sont dans la nature © Actes Sud, France, 2019
Simplified Chinese rights are arranged by Ye ZHANG Agency (www.ye-zhang.com)
本书简体中文版版权归属于银杏树下（上海）图书有限责任公司。

著作权合同登记号 图字：22-2024-086

ZIRAN JIAO WOMEN CHUANGZAO
自然教我们创造

[法] 卡丽娜·卢阿尔　著

[法] 劳拉·安科纳　绘

陈佳丽　译

选题策划：北京浪花朵朵文化传播有限公司
出版统筹：吴兴元
责任编辑：陈泽熙　廖　波
编辑统筹：彭　鹏
特约编辑：徐彩虹
装帧制造：墨白空间·杨　阳
出版发行：贵州教育出版社
地　　址：贵州省贵阳市观山湖区会展东路SOHO办公区A座
印　　刷：天津联城印刷有限公司
版　　次：2024年10月第1版
印　　次：2024年10月第1次印刷
开　　本：889毫米×1194毫米 1/16
印　　张：3.5
字　　数：62千字
书　　号：ISBN 978-7-5456-1883-9
定　　价：59.80元

读者服务：reader@hinabook.com 188-1142-1266
投稿服务：onebook@hinabook.com 133-6631-2326
直销服务：buy@hinabook.com 133-6657-3072
官方微博：@浪花朵朵童书

非常感谢欧洲仿生学卓越中心（CEEBIOS）的团队成员，尤其是雨果·巴舍利耶和卡利娜·拉斯坎，感谢
他们对我的信任和给我的建议。

——卡丽娜·卢阿尔

目 录

久经考验的大自然　　6

领先人类的大自然　　8

仿生学，向生物学习　　10

飞行速度更快，燃油消耗更少的飞机　　14

受鸟类启发的火车　　19

蚂蚁：道路之王　　20

一动不动！　　22

智慧医学　　24

黑猩猩：用药能手　　28

灵敏的嗅觉！　　30

救援机器人　　32

拯救威尼斯的鱼形机器人　　34

闪蝶：色彩天才　　36

更具创意的建筑　　38

蚁巢式空气调节法　　42

更加绿色环保的建筑材料　　44

无电照明　　46

更有效地获取可再生能源　　48

如果人类复制大自然的组织方式　　50

你的仿生工具箱　　52

久经考验的大自然

在 38 亿多年的演化过程中，生物有足够的时间发展出各种各样的生存策略。其中，许多策略都被证明行之有效，值得我们学习和模仿。

劫后余生！

据相关研究估计，如果不算上细菌等一些微生物，地球上目前大约有 870 万个物种，而且其中的大部分物种还不为人类所熟悉。在这些物种中，人类就像婴儿一样，因为人类在进化过程中幸存下来的最后一个物种——智人的出现，不过才距今约二三十万年。在人类出现以前，动植物就遭遇过许多场致命的气候灾难和地质灾难。距今最近的一场毁灭性灾难，发生在 6500 万年前的白垩纪。这场灾难使得当时地球上大约 75% 的物种消失。有的物种侥幸存活，但更多的走向了灭绝，比如恐龙。这就是"自然选择"：大自然留下了最能适应环境的物种，也就是那些能够在变化多端的自然环境中找到生存策略，并实现多样化的物种。相反，适应不了环境变化的物种只能消失。

经得起考验！

基于自然选择理论，我们可以肯定现存的大部分物种完全适应了它们所处的环境。这些物种的生存策略十分有效，因为它们已经在自然界这个露天实验室中经受了数百万年、数千万年甚至上亿年的考验。在自然界中，每一种形态、材料和运动方式都有着一种或几种特定功能：防御、交流、抵御严寒、荒漠求生。比如，昆虫的触角可以捕捉气味、相互交流、辨别方向和感知事物。可以说，大自然源源不断地为人类提供了无数科技创新的灵感，供我们借鉴学习！

节省的智慧

为了生产消费品，我们需要使用煤、石油和天然气等化石能源，以及各种有毒的化学物质，而自然界仅靠太阳能就能运转。自然原地取材，只生产对它有用的东西，无须机器也无须工厂。它不需要 2500 ℃ 的熔炉来熔化材料，在常温下就可以生产玻璃和水泥！

零浪费

大自然创造了回收利用的艺术。一个物种生产的物质可以成为另一个物种的资源。当一个生物死亡后，它可以被其他生物分解，分解后产生的物质则会被其他动植物吸收。物种之间通力合作，物质循环在原地得以顺利完成。这真是一种高效的处理模式！反之，人类却需要处理大量污染环境的废弃物。

领先人类的大自然

在展示人类从自然中复制的几项发明之前，我们先看看下面几种由动植物创造，并经过长期完善所形成的"工艺"，真是100%纯天然的天才发明！

纸

在中国人发明造纸术之前，胡蜂早就开始用纸浆来筑巢了。这些纸浆来自它们用上颚从树上收集的碎木屑，里头还掺杂了它们的唾液。18世纪，科学家雷奥米尔通过研究胡蜂奇特的技能提出了创造新型纸的设想，即纸板。

超级结实的丝

蜘蛛丝非常结实，它比钢丝坚固5倍，弹性是尼龙的2倍，甚至能够被拉长至原来长度的5倍而不断。某些种类的蜘蛛能够吐出6种不同结实程度或者黏性的丝，分别用来捕猎、织网、移动或者包裹卵。直到2017年，来自瑞典的研究团队才成功仿造出蜘蛛丝，并研发了一台纺丝机器。人类对蜘蛛丝的研究还在继续……

魔术贴

和所有植物一样，菊科植物牛蒡也想要散播它的种子。牛蒡的种子布满短钩，能帮助它附着在几乎所有途经的物体上，最终实现落地生根。20世纪四五十年代，瑞士工程师乔治·德梅斯特拉尔在牛蒡种子中发现了让绒毛和短钩这两种结构牢牢贴合的方法。他将这种组合命名为"魔术贴"[①]，即法语"绒毛"和"钩子"合在一起的缩写。

雷达

第二次世界大战爆发之前，雷达的发明让科学家们无比自豪。后来他们却惊讶地发现，蝙蝠能更高效地使用相同的原理！蝙蝠会发出超声波，遇到物体时超声波会反射回来，它们会分析返回耳中的回声来实现定位、捕捉，甚至能识别10米外的一张蜘蛛网！

喷气推进

当鱿鱼、水母、章鱼、乌贼移动时，它们会利用自身的肌肉向身体后方喷水，利用反作用力来推动身体前进。客机与火箭的喷气式发动机利用的就是这项原理。

---

① 绒毛和钩子在法语中分别是 velours 和 crochet，合在一起缩写成"Velcro"，即魔术贴。

仿生学，向生物学习

面对拥有各种技能的生物，研究人员越来越多地去挖掘这些动物或植物是不是碰巧已经具备他们所寻求的技能，并思考有没有方法将其复制。这就是仿生学。

由来已久的实践

仿生学这一术语还很新，它的英文写法是 bionics，由 biology（生物学）和 electronics（电子学）组合而成。仿生学旨在研究自然，从自然中汲取灵感来不断创新。人类一直以来都在向自然学习。比如，因纽特人模仿北极熊的洞穴设计了自己的雪屋。他们还通过观察北极熊捕鱼的方法，想到了可以在冰上凿洞，等待海豹露出水面时将其逮个正着。

达·芬奇——仿生学先驱之一

达·芬奇是文艺复兴时期的著名天才，他是通过系统观察自然去研究、设计未来机器的先驱。他总是建议他的学生："去大自然中上课吧，那儿藏着我们的未来。"达·芬奇研究了鸟类的飞行技巧、翅膀的形状和羽毛的位置，从而画出了扑翼机的草图——一种利用人力扇动翅膀的机器。4个世纪后，谨记达·芬奇教诲的克莱芒·阿代尔模仿蝙蝠翅膀的形状，在 1890 年制造了第一架装有发动机和螺旋桨的飞机。后来，莱特兄弟广泛研究了鹰和秃鹫的飞行情况，终于在 1903 年发明了第一架成功起飞的飞机。

仿生学，迎来新生！

1997 年，美国生物学家珍妮·班亚斯出版了第一本关于仿生学的书。当时，她并没有想到自己将开创一种新的研究方法。对这位环保倡导者来说，相比于毁坏自然，或将自然当成一座拥有木材、矿石、石油等的庞大原料库，人类更应该模仿自然的运转来解决环境污染、气候变暖等问题，创造可持续的产品，尽可能减少能源消耗，杜绝浪费，不使用有毒产品，不产生垃圾……

如何模仿？

从生物中汲取灵感不仅需要充分了解生物学，熟知动植物，了解它们的生存方式以及各自的特征，同时还需要具备卓越的工程技能。因为识别出一种对于人类有意义的动物特征之后，我们还得在实验室里进行复制，而困难就在于此，因为自然不会轻易传授它的制造秘术。你想一想从观察鸟类的飞行，到设计出能够运行的飞机的过程，就知道有多难了！

假设你是仿生学家

对仿生学家来说，在林中漫步宛如在一个巨大的工作室里进行科学探索。在那儿，你会为蜘蛛的敏捷或者蚂蚁出色的组织能力感到惊叹，而仿生学家则会联想到开发太空探测机器人或者改善搜索引擎的可能性。他们需要从不同的角度研究动物和植物，比如跪在地上近距离地观察昆虫，或者爬上树顶发现森林真实的样子，这是一个动植物相互协作，实现共同生存与发展的世界。

模仿什么呢？

面对如此多的生物，研究人员的选择很广：他们可以复制生物的形状、材料，甚至是一套组织系统。其中，复制形状最为简单。20 世纪 30 年代，有一位叫路易·德科利厄的船长，他参照海豚和鼠海豚的尾鳍发明了辅助游泳和潜水的橡胶手蹼和橡胶脚蹼。复制生物材料则比较复杂，比如为了复制蝴蝶和飞蛾的翅膀以及贝类的壳，科学家们常常需要在极小的纳米尺度下开展研究，而大自然对此则得心应手。最后是复制生物的组织系统，也就是复制各个物种在某一环境中共同生存的方式。这是最复杂的，因为这需要改变人类熟悉的运行方式，同时要避免破坏、污染、浪费的情况发生。对此，人类的研究才刚刚起步。

迅猛发展

在过去的 20 余年里，持续研究动植物智慧的科学家越来越多。在法国，相关研究团队约有175 个，团队成员有工程师、生物学家、设计师、建筑师和医生等，涉及建筑、运输、能源、材料、机器人科学，甚至美妆等领域。

这让你联想到什么？

观察右图，看看下列动物与哪项发明有关，动手连线一下。

鹳	冰镐
啄木鸟	瓦楞板
毛毛虫	履带式推土机
扇贝	吸盘
章鱼	三角形滑翔翼

飞行速度更快，
燃油消耗更少的飞机

在航空工程师看来，某些鸟类的飞行过程就是"技术"的典范。它们不仅飞行速度快，还无须消耗多少能量，而且几乎不受恶劣天气的影响。

经济节约

鸟类不需要耗费成吨的燃油就能飞行，亦不需要几公里的沥青跑道用来助飞和着陆。一些像斑尾塍鹬这样的候鸟，仅需相当于体重45%左右的食物，就能在10天左右的时间内毫不停歇地飞行1万多公里，从阿拉斯加抵达新西兰，中途不需要补给食物。相比之下，客机就像一个十足的无底洞，大部分中型客机巡航期间每小时要消耗约2500千克燃油。

翼梢小翼与草原鹰

你是否留意过飞机机翼两端弯向天空的翼梢小翼？翼梢小翼的发明灵感来自人们对秃鹫、草原鹰等猛禽的观察。这些猛禽的翅膀末端长有巨大的羽毛——飞羽，它们可以像人的手指一样完全张开，以便在飞行时减少空气阻力。正是因为有了翼梢小翼，飞机的飞行速度变得更快，燃油消耗量减少了约4%。大多数飞机都装有翼梢小翼，某些型号的飞机甚至在每块机翼上都装有两块翼梢小翼。说不定不久以后，它们会被误认成鸟类！

模仿猛禽翅膀的可变形机翼

鸟类是飞行高手，即便突然袭来一阵猛烈的狂风，它们也不会摔到地上。在生物演化的进程中，鸟类逐渐学会了在不同情形下控制自己的翅膀。飞机制造商试图模仿该结构，他们想把刚性的机翼（如襟翼、副翼）换成柔性的机翼，以此减少飞行过程中的颠簸。制造商致力于开发能够在飞机起飞、爬升、着陆，以及遇到气流颠簸时改变形状的智能材料。这些未来的机翼，目前正处于研发、试验阶段，估计成功后将有效减少飞机的燃油消耗，并且能降低机内噪声。

从海鸥的喙到飞机的机头

海鸟是天气预报的冠军。例如海鸥，它的喙部有极其灵敏的传感器，能够预测狂风，帮助其提前调整翅膀以保持飞行方向。欧洲空中客车公司根据海鸥的这一特点设计了一款飞机：空客A350 XWB。这款飞机的机头装有传感器，在遇到湍流时能够调整副翼、襟翼等的姿态。

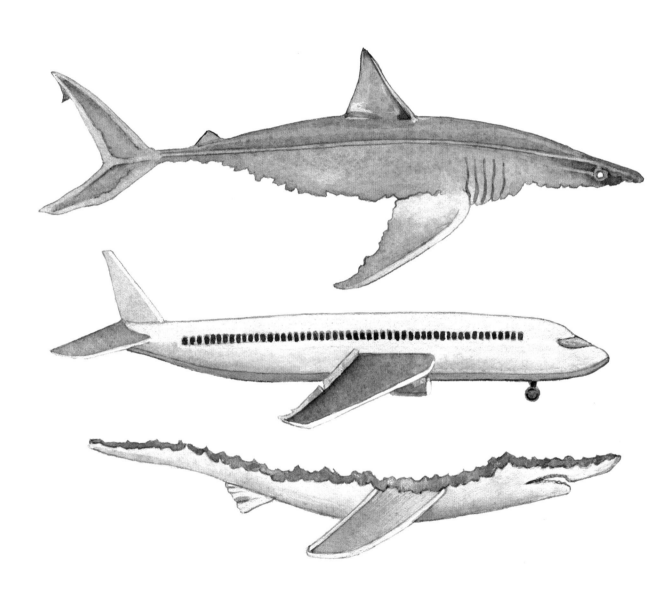

像候鸟一样呈人字形飞行

鹤、鸬鹚、海鸥和灰雁这样的候鸟群呈人字形飞行，它们并不是在做飞行表演，而是因为以这样的排列方式飞行能让它们更省力。鸟群中的领头鸟承受着最大的空气阻力，飞得也最费劲，其他的伙伴则从领头鸟制造的气流中受益，减少了体力消耗。通常，每只鸟会轮流飞在最前头。长期以来，军用飞机使用这门技巧编队飞行来节省燃油。工程师们估算过，如果客机以这样的队形飞行，后方的每架客机可以减少 10% 以上的燃油消耗量，以及 20% 以上的二氧化氮排放量。我们是否也能很快在空中见到队形紧凑的空客机队呢？

穿"鲨鱼皮"的飞机

鲨鱼的皮肤并不光滑，而是如同砂纸一样粗糙。如果我们用显微镜观察，会发现鲨鱼的皮肤上覆盖着牙齿状鳞片，其沟槽状结构能引导水流经过，使鲨鱼游得更快。一种仿鲨鱼皮肤结构的涂料被运用在飞机上。试验证明，如果飞机表面有 70% 的地方覆盖此类涂料，就能减少 1% 的燃油消耗量。要是涂在 1000 架飞机上，这能节省下多少燃油啊！除此之外，这种涂料也可以涂在船体上。

像鼯鼠一样飞翔

除了鸟类能飞，生活在北美洲的啮齿类动物鼯鼠也能飞，比如北美飞鼠和小飞鼠。当鼯鼠冲向空中时，它会张开前后肢，展开中间的飞膜。展开后的飞膜如同长方形的降落伞，可以让鼯鼠在空中滑翔约 50 米的距离。飞行衣就是运用这个原理发明出来的。穿着飞行衣的跳伞员从悬崖或飞机上跳下，在空中张开手臂和双腿，使空气充满飞行衣的"飞膜"，帮助跳伞员实现滑翔，但快要落地时跳伞员还是得打开降落伞才能缓慢着陆，没法像鸟类一样随心所欲！

受鸟类启发的火车

借鉴鸟类的飞行技术来改善飞机的飞行性能完全合乎情理，但要说把它运用到火车的改进上就显得有点奇怪。然而，日本的高速列车设计就模仿了两种鸟类的形态特点。

从翠鸟到流线型高速列车

翠鸟俯冲入水捕鱼时，几乎不会激起一点水花、一丝涟漪！其中的秘诀是什么呢？这是因为当它从空气中进入到密度更大的水里时，细长的鸟喙为它提供了缓冲。这一点引起了一位热衷于观察鸟类的日本工程师兼新干线高速列车试验负责人中津英治的注意。列车以时速300公里进入隧道时，由于隧道内的空气受到挤压，会造成列车轻微减速，并产生巨大的噪声。在模仿翠鸟的鸟喙重新设计列车车头之后，工程师成功解决了这个问题。这种模仿不但让高速列车的电力消耗降低了15%，还将速度提高了10%。

猫头鹰与列车降噪

中津英治并没有止步于此。为了降低帮助列车获得电能的受电弓产生的噪声，他仔细观察猫头鹰的无声飞行，更准确地说，应该是那双能够突袭猎物的锯齿状翅膀。他从中获得了灵感，将受电弓的支架杆表面设计成了锯齿状。飞机制造商也对客机发动机的尾部边缘做了同样的设计处理，以降低噪声，提高乘客的舒适度。

蚂蚁：道路之王

单独来看，蚂蚁并不机灵，但当蚂蚁结成蚁群时，它们就表现得非常聪明。就拿它们的寻路本领来说，蚂蚁懂得通过高效合作来辨别方向，找出最短的路径。

蚁足上的全球定位系统（GPS）

蚂蚁是群居昆虫，生活在高度组织化的群体中。当蚂蚁离开蚁穴去寻找食物时，它便会将叫作信息素的气味信号散播在路上，就像童话故事《小拇指》中主人公掷小石子一样 ①。其他尾随而来的蚂蚁也会散播信息素。一段时间之后，最短的道路就是途经次数最多的道路，同时也是有最多信息素的那条。这种方法启发人类设计出了一种计算机算法，即 GPS 导航系统的基础。驾驶员可以用它来寻找前往目的地的最短路线，这样既能缩短行驶距离，又能减少汽油消耗。

没有任何交通堵塞

当蚁群确定食物位置之后，就会有数不清的蚂蚁涌过去，为了不造成交通堵塞，它们的行动速度会比平时快 2 倍。一旦道路出现拥堵，蚂蚁就会另辟蹊径，而且能够一直选择最短的路线前往目的地。这种方法被运用到 GPS 应用系统中，即在驾驶员面临交通堵塞时向其提供其他路线。这也多亏了其他驾驶员的提醒，就像蚂蚁的信息素一样。研究人员注意到了蚂蚁、白蚁、蜜蜂等群居昆虫的这种组织能力和解决问题的天赋，开始研究它们的"集体智慧"。

---

① 在法国文学家夏尔·佩罗的童话作品《小拇指》中，主人公小拇指在得知即将被抛弃后，一路上通过边走边掷下小石子的方式留下标记，顺利找到了回家的路。——编者注

一动不动！

对于有些动物，生存从来不是一件容易的事，无论身处干燥的土壤还是湿润的区域，它们都得有能力牢牢附着在不同类型的地形上，甚至随之移动。为此，它们演化出了比化学胶水更强劲的附着系统。

壁虎，超细绒毛！

忘掉蜘蛛侠吧，壁虎才是自然中最厉害的攀爬高手。它能在各种墙面上爬行，甚至靠一根脚趾就能倒挂在天花板上。

壁虎的每根脚趾上都有无数根纳米级的细小绒毛，能让它像便利贴一样轻松地附着或离开几乎任何表面。人们仿制了这种干燥、可生物降解的吸附系统，并发明了一种名为"壁虎皮肤"（Geckskin）的胶带，虽然只有银行卡大小，它却可以在天花板上悬挂 300 公斤重的物体，这相当于一头小象的重量。

有了这种胶带，壁挂电视就再也不需要钉子或者螺丝了。"壁虎式"胶带也被用于医学领域，它不仅可以被无痛撕下，而且还可以被重新贴回去。此外，人们还萌生了制作"壁虎手套"的想法，在电影《碟中谍 4》中，汤姆·克鲁斯就佩戴着壁虎手套攀爬摩天大楼的外墙。那么，我们是不是很快就能看到窗户清洁工、消防员或者失重状态下的宇航员像壁虎一样轻松贴在墙上或太空舱内呢？

贻贝，无敌胶水！

不得不承认人类的绝大多数黏合剂在水里毫无作用，而黏附在岩石、船体和其他物体表面的贻贝却能抵抗水流和波浪的冲击。这是因为贻贝拥有一种类似头发的纤维物质，叫作"足丝"，它会产生一种超黏液体。人类模仿这种液体生产出了一种凝胶。这种 100% 纯天然的物质能够有效修复船舶，另外，它在医学领域的应用效果可能会更好，比如用于缝合伤口、黏合骨头和牙齿、固定肌腱等。

至于足丝本身，虽然人类在食用贻贝前会清理掉足丝，但它似乎是缝合伤口的理想丝线。贻贝不仅可以搭配很多食材一起食用，而且浑身都是宝！

智慧医学

自然界设计了多种多样的机制，让物种赖以生存。它就像一个开放的露天医学实验室，可供人类研发各种各样的新药物和新疗法。

像鲨鱼一样干净

对许多物种来说，保持清洁至关重要。有的动物可以自我清洁，比如猫；有的动物依靠同伴，比如猴子；还有的动物依赖其他物种，比如非洲水牛会让红嘴牛椋鸟帮它清理身上的寄生虫。不过，还有不会变脏的幸运儿——鲨鱼。在本书第17页中，我们知道了鲨鱼的鳞片上具有沟槽，这种结构使海藻、藤壶和细菌等入侵者难以吸附在它的皮肤上。美国一家公司仿造鲨鱼的鳞片研制出了一种薄膜，它可以应用在医院等场所的墙壁、门把手和仪器上，以防医院的细菌传播给病人带来严重后果。说不定这项技术产品很快就能取代会污染环境的除菌产品和去污剂，用来保持医院清洁。

完全不痛！

自然界比医生更早发明皮下注射针。蜘蛛、蝎子、蜜蜂和胡蜂等为了保护自己，会用刺针往其他生物的皮肤下注射有毒物质。雌蚊用刺针吸取人类的血液，就像抽血一样，但它的针头呈圆锥形，且比我们用的针头细得多，这使它可以悄悄地叮咬，不太会让人觉得疼痛。2005年，一家日本制造商根据蚊子的刺针发明了无痛针头。这种针头的针尖大概只有两根头发丝那么粗，只有传统针头大小的1/4。目前，这种针头的销量表现良好。这对每天需要注射几支胰岛素的糖尿病患者来说，使用这种针头几乎没有痛感。从这一点来看，人类还应该感谢这些吸血的昆虫！

苍蝇的眼睛与盲人

你有没有发现很难抓住一只苍蝇？一旦你的手靠近，它立马就能察觉并且立即飞远。苍蝇的头部两侧各有一只复眼，每只复眼包含许多小眼。这让它能够看得清几乎所有方向的物体，而且可以避免反光，还能像望远镜一样观察远处的事物，捕捉细微的动静。

欧洲研究人员开发出一种人工蝇眼，重量不到两克，只要把它挂在衣服或配饰上，在靠近障碍物时，它就会发出声音警报。这项技术应用于汽车领域，有助于预防碰撞事故，同时也能应用于机器人研究。真是一项十分符合人类需求的发明！

水熊和常温疫苗

由于电力短缺，许多发展中国家很难长期保存疫苗等药品。有一种微型动物已经在地球上生存了约 5.4 亿年，可以说是生命力极强、几乎是永恒存在的物种。它们就是缓步动物，也叫水熊。它们几乎无处不在，尤其会出现在森林中那些生长苔藓的地方。这种无脊椎动物体长 1 毫米左右，外表像个吸尘器的集尘袋，几乎能抵抗一切恶劣环境，譬如 – 270 ℃ ~ 150 ℃ 的极限温度、缺氧、缺食、X 射线辐射，甚至真空。研究人员曾经凭借几滴水成功"唤醒"了沉睡 30 年的水熊。水熊是如何做到的呢？原来，它通过排出体内的水分来保护自己，将身体缩小，用糖分子代替细胞的水分，然后蛰伏，静待时日。现在，人类复制了这项技术。相信很快人们就可以将疫苗脱水保存，然后再用少许水重新激活疫苗的活性。到时候，炎热的地区将不再需要用冰箱来储存疫苗，同时还能减少医院的用电量。

海蚯蚓的血

你在沙滩上看到过弯弯曲曲的沟痕吗？它们有些就是海蚯蚓留下的痕迹。海蚯蚓是一种生活在海滩上的海蠕虫，最早出现在约 4.5 亿年前。涨潮时，海蚯蚓通过溶解海水中的氧气来呼吸；退潮时，它便暂停呼吸，依靠血液中的氧气生存，就像使用了氧气瓶一样。这种奇特的呼吸能力引起了法国一名研究员的注意。通过研究，他发现海蚯蚓血液中的含氧量比人类血液中的含氧量高出约 50 倍，而且它的血液还能输给任何血型的人。现在，已有公司利用海蚯蚓的血液设计了一款产品，可以用来更长时间地保存肾、肺和心脏等一些待移植的器官。该公司还设计了浸泡过该产品的绷带，用于加快伤口愈合。此外，这种血液经过冷冻干燥，还可以以粉末的形式储存，以便在紧急情况下提供给心脏病发作或受重伤的患者使用。海蚯蚓的血完全是属于未来的血液。

黑猩猩：用药能手

并非只有人类知道用药治疗病痛，事实上，很多动物都懂得在自然界中寻找药物，比如黑猩猩，它们在很久以前就是药剂师。那它们是否能帮助人类发现新药呢？

植物里的学问

灵长类动物会用各种植物来治疗它们日常生活中出现的小病痛，比如消化不良、咳嗽、肠道寄生虫、发热等。

法国的一名灵长类动物学家兼兽医萨布丽娜·克里夫研究了乌干达热带森林中的黑猩猩进行自我治疗的方式。譬如，黑猩猩会在早晨空腹吞下一些粗糙的树叶来清除消化道里的寄生虫，咀嚼某些树皮来治疗咳嗽和咽喉疼痛，还会用树叶清洁伤口。一旦发热，它们就会食用一种以有效治疗疟疾而闻名的树叶。

名副其实的药柜

萨布丽娜·克里夫编录了黑猩猩自我治疗时用的植物，数量接近 1000 种。研究人员研究了其中十几种植物，发现这些植物可能和人类的药物一样，能够治疗寄生虫、肿瘤或疟疾等疾病，甚至治疗效果更好。然而，这些植物的活性成分是否适用于人类还有待观察。不过结果很有可能是好的，要知道人类和这些住在森林里的近亲约 98% 的基因是相同的！

灵敏的嗅觉！

　　许多动物的嗅觉比人类的更加灵敏，有的动物甚至可以在无数气味分子中检测出其中的一种。那么，我们如何通过近距离观察研究这些嗅觉高手来帮助人类预防危险呢？

生存问题

嗅觉是一种感官，它能够感知挥发性物质，也就是空气中的气味。人类使用嗅觉的场景较少，但绝大多数动物会利用嗅觉来觅食、寻找伴侣、躲避危险和交流等。因此，嗅觉对于这些动物来说，不仅是基本的生存功能，而且至关重要。

炸药探测器

大多数情况下，昆虫头上的触角相当于它们的鼻子。飞蛾的嗅觉非常灵敏，其中，家蚕蛾虽然寿命只有短短几天，但它仍然尽情享受生活。即使隔着几公里，它也能嗅出最爱的植物或者配偶的气味。

家蚕蛾的触角呈梳子状或羽毛状，上面布满了嗅觉传感器。法国的科学家们仿造家蚕蛾的触角设计了一种超级灵敏的探测器，能检测出微量的炸药、毒品和环境污染物。

嗅探行李的塑料狗鼻子

探测炸药、毒品甚至某些癌症时，狗是无可替代的。狗的鼻子有数亿个嗅觉感受器，而且它们还有独特的嗅探技巧，通过急促且短浅的呼吸，而非深呼吸，形成一个个小气旋，使自己吸入更多的气味分子，从而更好地辨别气味。拉布拉多犬和德国牧羊犬的嗅觉最厉害，但是它们很容易疲劳。美国的一些研究人员通过 3D 打印复制了一只雌性拉布拉多犬的鼻子，这个复制的鼻子在某些方面比原型更有效。那么，塑料狗鼻子会不会让警犬失业呢？

救援机器人

未来的机器人不仅只有人形机器人。研究人员正在发明越来越多的动物机器人，它们可以为我们做事，还能飞奔过来营救我们。

昆虫无人机！

用来侦察和监视的"熊蜂"无人机虽然看上去很像飞行的大型昆虫，但它们的螺旋桨却骗不了人！而分别模仿苍蝇、蜻蜓和蜜蜂设计的扑翼式微型无人机 RobotFly、DelFly 和 RoboBee 的仿制效果则要更好一些。这些无人机可以拍打翅膀，表演各种空中杂技，甚至还可以凭借约 3 厘米的身长穿过细小的裂缝。现在已经出现了更实用的机器人：鹦鹉机器人，它能够自行折叠翅膀通过非常狭窄的通道。说不定这些微型无人机很快就能协助人类完成各种任务，比如在地震发生之后寻找那些埋在瓦砾下的人。

奔跑、攀登、爬行……

在生物学家的帮助下，机器人专家不断发明出具有新型功能的仿生机器人。比如，猎豹机器人 Cheetah，每小时能跑 48 公里，速度超过了百米赛跑世界冠军——来自牙买加的尤塞恩·博尔特；蟑螂机器人 Cram，可以压缩身体钻进狭小的管道中；蝾螈机器人 Pleurobot，可以像蝾螈一样爬行和游泳，被用来研究行走障碍者的康复和治疗等，同时也被用来搜寻、援救水上遇险者；蛇形机器人 Atlas，能像绳子一样缠绕在树上，还能钻入因灾害而崩塌的碎石堆中。它们就像真实的动物一样灵活敏捷，虽然还只是实验品，但未来很有可能成为出色的救援者。

拯救威尼斯的鱼形机器人

在威尼斯，著名的贡多拉[①]所行驶的水域中，有一组自主运行的小型机器——睡莲、鱼形和贻贝机器人。它们的任务是监测威尼斯潟湖的水质。

各有所长

睡莲机器人 aPad、鱼形机器人 aFish 和贻贝机器人 aMussel 就像它们在自然界里的同胞一样运行。这些机器人装有传感器，能测量水中的各种数据，如污染物、水温、水的含盐量等，并全天候地将数据传送给欧洲的研究队伍。漂浮的睡莲机器人配置了太阳能板，它能收集并传送数据给科学家。鱼形机器人是巡逻机器人，负责勘察最浑浊和最难到达的地方，同时也兼任信使，将收集到的所有信息传递给其他擦肩而过的机器人。贻贝机器人则负责收集水底的数据，一旦电力不足，还能自动回到水面连接睡莲机器人充电。

水中的信息交流

鱼形机器人投放于 2017 年，由 120 个联网机器人组成，不需要控制杆进行操控就可以自行运转。每个机器人都能独立运转，自行适应水中的环境。为了让机器人传递信息，研究人员想到了蚂蚁、蜜蜂和白蚁这些群居昆虫的行动方式：群体中没有领头者，每只昆虫通过和其他昆虫交换信息来解决遇到的问题。那么，这支机器人小分队能帮助我们拯救威尼斯吗？答案是肯定的，只要没有人去捕捉这些"鱼"。

---

① 贡多拉是意大利水城威尼斯特有的传统水上交通工具。船身纤细，通体黑色，船底扁平。——编者注

闪蝶：色彩天才

闪蝶，热带森林里的明星物种，它的翅膀具有金属般的蓝色光泽，非常靓丽。闪蝶也是幻象之王，因为它翅膀的颜色能够随着光线变化而改变。

变化的色彩

闪蝶是一种大型蝴蝶，其翅展可达 20 厘米。其中，大部分雄蝶都拥有更闪亮的蓝色光泽，蓝色的翅膀能够帮助它们吸引雌蝶，但也让它们看上去过分显眼。为了躲避捕猎者，它们就像有魔力一样不断变化。事实上，闪蝶根本就没有蓝色的翅膀！它们的翅膀原本是几乎透明且黯淡的棕色，上面覆盖着能捕捉光线的细小鳞片。闪蝶蓝色的翅膀其实是一种虹彩效应：飞行中的闪蝶在不同角度的光线下可以呈现出不同的颜色，比如灰色、棕色、紫色、蓝色或绿色等。

视错觉效应

能够随光线改变颜色的颜料、清漆、眼影和纺织纤维等中就运用了这种虹彩效应。其特点是不会造成环境污染，更不会随着时间的流逝而褪色！

防伪

这种特别的技术也被运用在钞票、护照或者体育赛事的入场券上，比如 2016 年欧洲足球锦标赛的门票，其防伪技术一流，完全没有复制或者仿造的可能，这一切多亏了闪蝶带给我们的灵感。

高质量图像

越来越多的平板电脑和手机屏幕上开始覆盖一层含有数百万乃至数亿个微型反射镜的膜片，这些微型反射镜就像鳞片一样，可以反射出人们想要的颜色。装有这种膜片的屏幕耗电量很小，并且即使在阳光下，也比液晶屏显示的图像的质量要高。

更具创意的建筑

越来越多的建筑师从自然界最美丽的形态中汲取灵感来美化我们的城市，不仅如此，他们还意识到可以向自然学习节省能源的技术。

像股骨一样牢固！

你知道吗？负责建造埃菲尔铁塔的两位工程师早在项目之初就收集了股骨，还研究了股骨的结构。

工程师们注意到这根长骨头是人体最坚固、最长的管状骨。他们将股骨的结构原理应用到埃菲尔铁塔上，通过建造 4 个轻巧的支架来撑起铁塔上方巨大的金属结构。

海底的摩天大楼

在英国伦敦，人们给一座位于金融城的摩天大楼取了个绰号"小黄瓜"。其实，该大楼的造型灵感并非来自黄瓜，而是借鉴了深海海绵——阿氏偕老同穴，也被称为"维纳斯花篮"。该物种呈管状，具有玻璃状骨架，由一种非常坚硬的有孔网格构成，既能抵抗水流，又能让食物通过。建筑师根据这一原型构想了这座高楼，它圆圆的形状和螺旋状蜂巢结构，使光线易于穿透建筑物，还有利于抵御强风，而且只要打开窗户便能慢慢给整座大楼通风，减少了对空调的依赖，同时减少了人工照明的使用。因此，它的电力消耗是传统高楼的一半。

松果形状的房子

松果对天气非常敏感：天气干燥时，它会在阳光下张开鳞片；天气潮湿时，它会紧闭鳞片以保护种子。这种纯天然的开合机制引起了一些建筑师和生物学家的兴趣。于是，他们在法国奥尔良市设计了一座展馆，其外墙上有 28 个由木制鳞片覆盖着的孔洞，当空气湿度在 30%（晴天）～ 90%（雨天）之间波动时，这些鳞片就会根据湿度变化自行打开或关闭。这座展馆能像松果一样自动启闭，无须传感器、发动机或者电子遥控。

像犰狳那样保温

　　犰狳是南美洲等地的一种小型濒危哺乳动物，它惧怕寒冷，全靠外壳和四肢来取暖。来自格勒诺布尔①的建筑系学生根据犰狳的外形特性，设计了一座名为"犰狳盒子"的房屋。

　　这座房屋的地基相当于犰狳的四肢，从土壤中吸收热量，而房屋本身也和犰狳的外壳一样，具有 3 层保温结构：它的"身体"由木头制成，里面是不同的房间和水电网络；"皮肤"由隔热材料组成；"外壳"类似保护罩，利用太阳能电池板吸收太阳能。这座房屋可以移动，也可以模块化装配，且室温始终保持在 22 ℃ ~ 24 ℃。犰狳却没有保持恒温的能力，在温度很低的室外就会冷得直哆嗦。

像树一样的办公楼

　　布利特中心坐落于美国西雅图，它的设计灵感来源于当地的道格拉斯冷杉。这座 6 层高的办公楼能够像树木一样，从土壤和阳光中获取能源，吸收雨水并循环利用废弃物。因此，这座大楼可以说是世界上最环保的建筑之一。其屋顶覆盖有近 600 块状如树冠的太阳能电池板，大楼能够通过 26 口地热井从土壤中吸收热量，也能够利用地下巨大的蓄水池回收雨水给整栋楼供水。大楼里产生的所有废弃物，包括厕所里的排泄物，全部都会被处理成可利用的肥料。这座绿色建筑产生的能源足以抵消自身的消耗。我们的城市里真应该拥有更多这样的"树"！

---

① 法国东南部城市。——译者注

蚁巢式空气调节法

蚂蚁、胡蜂和蜜蜂等昆虫都是出色的建筑师，但与它们相比，白蚁轻而易举就能赢得建筑比赛的冠军。这是因为它们建造的"泥巴塔"能实现空气调节，人类也模仿了这种建筑方法。

热力工程

在非洲草原上生存非常艰难，因为温度可从夜间 0 ℃ 升至白天 50 ℃。然而，白蚁的巢穴内却可以始终维持约 29 ℃ 的温度和 90% 左右的空气湿度。白蚁在蚁巢下方挖有很深的通道，凉爽潮湿的空气进入通道之后，会在上升的过程中变暖，最后经由通风管排出。蘑菇与白蚁是互惠共生关系，为了给蚁巢通风，并维持它们所喜爱的蘑菇的生长环境，白蚁不停地挖开新的、效果更佳的通道，在蚁巢底部到顶部来回作业……这真是一项艰巨的任务！津巴布韦的建筑师米克·皮尔斯通过观察这些非洲南部的蚁巢，萌生了模仿白蚁的通风系统的想法。

节省大量能源！

1996 年，这位建筑师在津巴布韦首都哈拉雷建造了一座建筑——"东方之门"。该建筑的顶部有大量排气通风管，底部则有许多进风口。这种独特的设计使得建筑的底部和顶部之间形成一定温差，能实现内部良好的空气循环，帮助建筑内的温度一年四季均维持在20 ℃～25 ℃。2006 年，他在澳大利亚墨尔本再次运用这种原理建造了一座木制行政大楼，并增加了隔热层。与附近其他建筑相比，这栋大楼的耗电量减少了 85%！

更加绿色环保的建筑材料

建筑工程师在自然界中不断探索，寻找更加生态环保的材料来建造房子，以便减少能源消耗并降低温室气体的排放。

混凝土和玻璃——两种高耗能材料

建造房屋所需的混凝土和玻璃虽然由天然材料制成，但生产过程需要耗费大量的能源。生产玻璃需要在 1600 ℃ 左右的温度下熔化沙子，而生产水泥需要将石灰石和碎黏土的混合物加热到 1450 ℃。全球至少 5% ~ 6% 的温室气体的排放就来源于这些产业。

珊瑚——天然水泥厂

澳大利亚长达 2000 多公里的大堡礁是唯一能从太空中看到的珊瑚礁生态系统。然而，组成这个巨大生态系统的却是渺小的微生物珊瑚虫。它们为了躲避捕食者，利用水中的二氧化碳和钙元素，制造出像水泥一样坚固的钙质骨骼。美国一家公司从中受到启发，将附近一家工厂排放的二氧化碳与其他化合物进行混合，在常温条件下生产出了绿色环保的水泥。更多类似的研究正在进行中，一旦研究成功，就能帮助我们在一定程度上解决环境污染问题。

硅藻——玻璃大师

从显微镜下观察，硅藻显得非常精美。硅藻是一种藻类，生活在淡水和海洋中，能够利用水中的硅为原料来塑造它们的玻璃外壳。科学家们利用"软化学"——在常温下进行自然化学反应，重现了这种生产方法，他们研制出了一种粉末，并将其制作成了玻璃凝胶。现在，这种凝胶已经应用于建筑、汽车、光学等领域，如建筑物窗户、汽车后视镜、挡风玻璃和眼镜镜片，来过滤光线或者避免反光；这种凝胶还应用于医学领域，利用它的特性将药物包裹在胶囊中。

荷叶与自洁墙面

荷花的粉色花朵，象征着美丽与圣洁。事实上，荷花确实干净得无可挑剔。荷叶表面覆盖着一层薄薄的蜡质晶体，且分布着肉眼不可见的微小突起，让荷叶具有超疏水性，即较强的排斥水的特点，使得水珠无法浸润叶片。当水珠从荷叶上滚下去的时候，还能将所经之处的污泥和昆虫等卷走，确保叶片上的杂物不遮挡阳光，妨碍光合作用的进行。这种自洁式"荷叶效应"被一家油漆制造商模仿、运用到了墙漆的研发当中，使用了这种墙漆的墙面既不会发霉，也不会变脏，再也不需要清洗或者使用化学产品就能使墙面保持干净。现在，自洁式玻璃也已经进入了市场。相信总有一天，所有需要清洗的物件都能自行清洁！

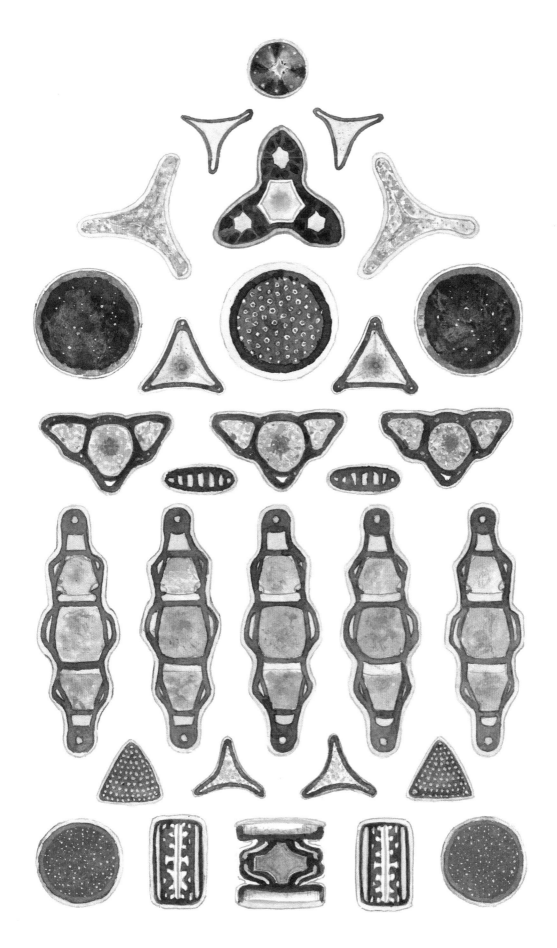

无电照明

自然界有许多动物都能够自行发光，它们既不需要开关也不需要电源。学习它们的照明技术可以节省大量费用。

萤火虫与屏幕

一部分陆生动物拥有自己的"手电筒"，比如萤火虫的腹内就有发光器。长有翅膀的雄性萤火虫在着陆前会利用发光器来照亮前方的叶子或小树枝；而没有翅膀的雌性萤火虫则趴在地上，通过发光来吸引雄性萤火虫。研究人员通过观察发现，萤火虫的腹部布满了细小的鳞片，能够让光线完全透出。他们复制了这种鳞片结构，并将其应用到了 LED 灯的制造中，在同样的光源下，光照度增加了 50%！从车前灯到电脑和电视屏幕，几乎所有的照明设备都有 LED 灯的身影。

猫眼，反射光线

在夜晚，你是否留意过猫的眼睛一旦被车灯或手电筒照射就会变得尤其明亮？这是因为猫的视网膜后有一层照膜，可以像镜子一样反射光线。20 世纪 30 年代，英国人珀西·肖利用这一原理发明了道路反射器，从此，路上随处可见这种发出荧光的"猫眼"路标。该技术也被应用在衣服、自行车、篮球鞋等的条形反光带上。

黑暗海洋中的光亮

在 38 亿年的演化过程中，生物在水中就度过了 30 亿年。为了在没有光线的深海中生存，章鱼、鱿鱼、乌贼和鹦鹉螺等头足纲动物，以及其他小生物自己创造了光源。这就是我们所说的"生物发光"——一种将化学能转化成光能的现象。这种生物发光现象可以通过器官产生，比如深海龙鱼的下颌处就有一个发光器；也可以通过与海洋生物共生的发光细菌产生，比如大多数鱿鱼就是这样发光的。这些生物通过发光来与同伴交流、吸引猎物，甚至还有像灯眼鱼这样通过闪光来吓唬敌人的。

来自大海的公共照明

法国一家公司受到这种自然照明的启发，培育了乌贼身上的发光细菌。这些细菌被封闭在具有含糖培养基的透明壳子中，呈液态或凝胶状，不需要电就能释放出一种蓝绿色的柔光，而且照明时间可长达两三天。现在，这种照明方式被用在了一些节日装饰、夜间演出和商店橱窗中，而且目前的一些研究还试图让摩天大楼的外墙也能实现生物发光。想来效果肯定会非常惊人！

更有效地获取可再生能源

为了应对气候变暖，我们不仅需要减少温室气体的排放，而且应该提高太阳能和风能发电设备的工作效率。人类在大自然中找到了一些相关的解决方案。

风力发电机的"鲸式叶片"

座头鲸的体形比一辆公共汽车还大，它们如何能跃出水面超过 5 米，并像水中舞者一样灵活地游动呢？这多亏了它们的尾鳍以及长长的胸鳍。座头鲸的胸鳍不像其他鲸类那样光滑，而是有大的突起，这样的结构可以有效减少阻力，帮助海水在突起间更好地流动。人们将这种突起结构运用到了风力发电机的叶片设计上，使其噪声更小，发电量比传统风力发电机提高了 20%，抗风暴能力更强。此外，这种"鲸式叶片"也被用在了工业通风机和电脑散热器中。

呈波浪形摆动的水力发电机

与传统的水力发电机配备的螺旋桨不同，法国一家公司设计的水力发电机配备了一种又大又灵活的橡胶鳍，它能够随着水流摆动而发电。该发电机的发明者从鱼的游动，尤其是鳗鱼的游动中获得了启发，它们前行时整个身体呈波浪形游动。不管在海里还是河里，这种水力发电机都运行良好，既无噪声，又不会对鱼类造成伤害。

长有翅膀的太阳能电池板

闪蝶拥有独特的技巧可使体温保持在 40 ℃左右。当天气寒冷时，闪蝶会展开它的大翅膀吸收光能来使自己温暖起来，就像太阳能电池板一样。而当天气炎热时，闪蝶的翅膀就会散发红外线辐射，来降低体温。其实，这种降温方法应该被应用到太阳能电池板上。因为太阳能电池板的工作效率与我们想象的刚好相反，天气越热，它的发电效率反而越低。而且，随着全球气候变暖，这种情况会更加严重。

如果人类复制大自然的组织方式

模仿自然界时，也可以模仿生物间交换物质和能量的共同生存方式。如此，能做到物质和能量不浪费，资源循环利用。这种想法正在慢慢地流行起来。

向森林学习

某些成片的森林自然生长且非常干净，不需要清洁工来打扫地面。在这种森林里，秋天的落叶之所以能够消失，是因为分解者——真菌、细菌、蚯蚓以及以落叶为生的昆虫——起了作用。多亏了它们，土地才能不断更新，获得养分，植物也可以不断生长。一旦植物死亡，分解者便开始行动。而且，只要植物在同一个地方生长和死亡，这种循环就可以无限期地持续下去。

永续农业，与自然和谐共处

在永续农业中，园丁会模仿森林的运作方式，选择农作物时充分考虑土壤类型、风向和光照，并选择混合种植。比如将韭葱靠近草莓种植，这样两者都能免受虫害；四季豆靠近生菜种植，前者可以为后者提供肥料并遮挡阳光。在永续农业的理念里，所有作物都能发挥自己的作用。比方说，园丁不再喷洒农药，而是利用瓢虫等捕食性动物捕食害虫，或者在菜园旁另外种植害虫喜爱的植物；不再翻耕土地，让野草自由生长，以小块土地的方式展开耕作，并利用堆肥提高土壤肥力；让昆虫和蚯蚓分解腐烂的叶子和掉落的果实来给土地施肥。如此，土地变得越来越肥沃，产量也越来越高。还有什么比这样更原生态的吗？

丹麦的工业生态系统

在丹麦港口小城凯隆堡的工业区内，60家企业践行着自然界普遍存在的原则。一些企业排放的废水、废热、废气、灰烬、肥料和废渣被其他企业用作能源或者原料。比如，炼油厂排出的废热被用来给凯隆堡的居民供暖；制药厂将残渣送去当地的农场当作肥料；火力发电厂把灰烬送至水泥厂，把冷却后的水送至养鱼的鱼塘。一切都在这个工业区内进行交换，这样既减少了待处理的废物，还节省了运输费用。这种被称为"工业共生"的模式，正在慢慢流行起来。法国北部敦刻尔克附近的双合成工业园区就运用了这种模式，将钢铁冶金企业和石油化工企业集中在一起生产运作。

你的仿生工具箱

是时候准备一些你能获得的仿生物品了！下面是一些参考建议：

波纹行李箱：灵感来源于扇贝壳，重量轻，耐冲撞，能有效避免行李被压碎。

一双带有魔术贴和荧光条纹的运动鞋：灵感来源于牛蒡和猫眼。

啄木鸟式自行车头盔：戴上它，你的头部能受到较好的保护。这种头盔的灵感来源于啄木鸟的头部结构，它的头颅能够经受每天上万次啄击树木产生的振动。

珊瑚防晒霜：珊瑚不喜紫外线，它们会利用天然的防晒成分进行防晒，这些防晒成分就像屏障一样十分有效。现在，这些成分也被用到一些防晒霜中，它们可以保护我们的皮肤；当我们涂抹此类防晒霜入水时，也可以保护珊瑚礁的健康，而其他的防晒成分则会让珊瑚生病。

游泳脚蹼：酷似海豚尾鳍。

一个放大镜：可用来仔细观察小动物，并为它们的聪明才智而惊叹！